科学探秘
培养儿童科学基础素养

了解空气
100元的空气袋子

温会会 / 文　曾平 / 绘

浙江摄影出版社
全国百佳图书出版单位

从前，在一个遥远的村庄里，住着猪老哥和猴小弟。

瞧！猪老哥长得胖胖的，猴小弟则长得瘦瘦的。

有一天，村庄里流传起了一个消息——"猪老哥得到了一件奇特的宝贝！"鸟儿说。

猴小弟一听，赶紧跑去找猪老哥。
"猪老哥，可以把你的宝贝拿出来
给我看看吗？"猴小弟说。

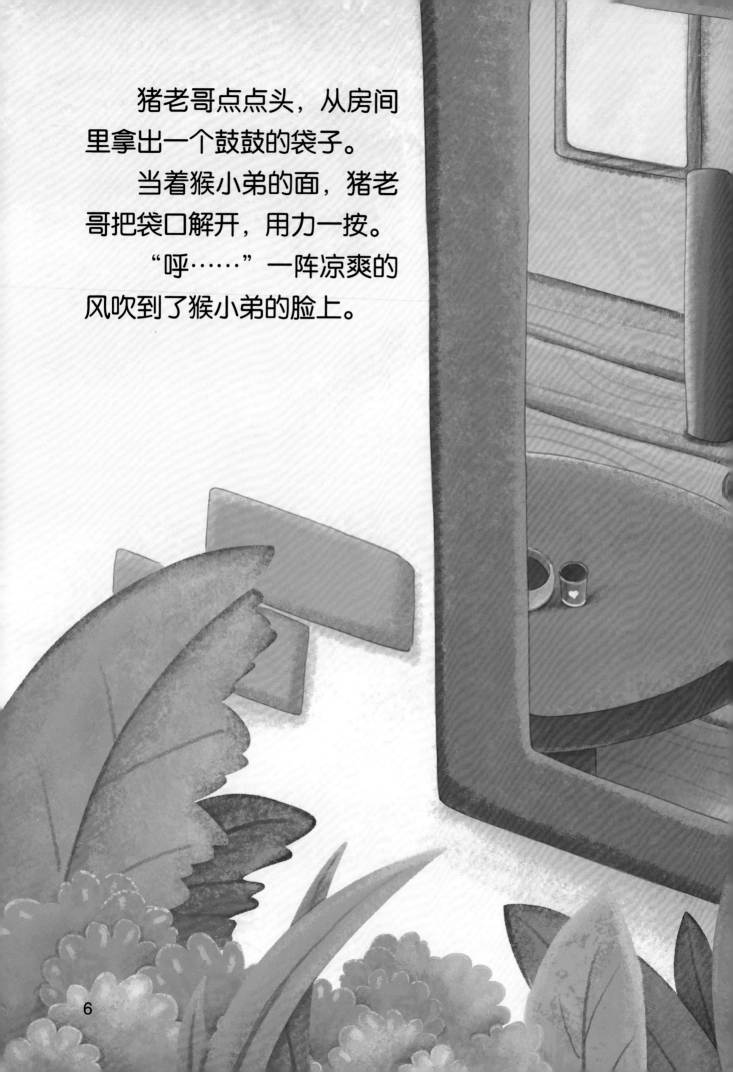

　　猪老哥点点头，从房间里拿出一个鼓鼓的袋子。

　　当着猴小弟的面，猪老哥把袋口解开，用力一按。

　　"呼……"一阵凉爽的风吹到了猴小弟的脸上。

猴小弟竖起大拇指，连连称赞："哇，这个宝贝果然奇特！"

猪老哥笑眯眯地说："猴小弟，既然你这么喜欢这个空气袋子，我可以考虑把它卖给你。这样吧，你给我 10 元钱，空气袋子就归你了！"

猴小弟点点头，高兴地付了款，心满意足地拿走了空气袋子。

回到家，猴小弟迫不及待地摆弄起刚买来的空气袋子。

可是，他仔细一看，空气袋子已经瘪下去了。

"啊，这个袋子怎么没有风了呢？"猴小弟皱着眉头说。

其实，这是因为空气会从高气压的地方流向低气压的地方，气压平衡以后，空气就不流动了。

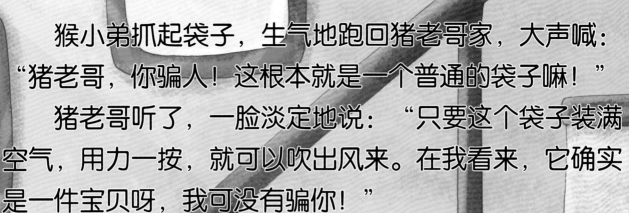

猴小弟抓起袋子，生气地跑回猪老哥家，大声喊："猪老哥，你骗人！这根本就是一个普通的袋子嘛！"

猪老哥听了，一脸淡定地说："只要这个袋子装满空气，用力一按，就可以吹出风来。在我看来，它确实是一件宝贝呀，我可没有骗你！"

　　猴小弟气得浑身发抖，回到家之后就病倒了。

　　欢欢兔听说了这件事，拎着一篮桃子来看望
猴小弟。

　　他拍拍胸脯说："猴小弟，你消消气，我来
替你讨回公道！"

说完，欢欢兔拿着空气袋子，来到了热闹的广场。
"大家快来看呀！这个空气袋子会飞！"
果然，当空气袋子靠近燃烧的火炉时，袋子里的空气受热变轻，袋子飘浮起来了。

很快，这个消息传到了猪老哥的耳朵里。

猪老哥好奇地跑到了广场上，看到了熟悉的空气袋子。

"这个空气袋子这么好，我得把这个空气袋子要回来！"

　　"这个空气袋子原本是我的，我还要乘坐它环游世界呢！快还给我！"猪老哥说。

　　"那可不行！现在这个袋子是猴小弟的，里面的空气还膨胀了。你想要的话，拿 100 元来买吧。"欢欢兔说。

　　"100 元？这可太贵了！"
猪老哥瞪大了双眼。
　　"别忘了，环游世界需要
一大笔开销。相比之下，100 元
一点也不贵。"
　　猪老哥一听，觉得有道理，
就掏钱买回了空气袋子。

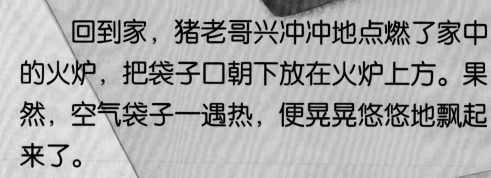

　　回到家，猪老哥兴冲冲地点燃了家中的火炉，把袋子口朝下放在火炉上方。果然，空气袋子一遇热，便晃晃悠悠地飘起来了。

　　猪老哥心想：想要环游世界，空气袋子得飞得再高一些。

于是，猪老哥给火炉添了许多干柴，加大了火力。

看，熊熊燃烧的火焰猛地向上蹿，很快就碰到了袋子！

谁知，空气袋子一碰到火焰，便飞快地燃烧了起来，还差点点着了屋子。

小朋友们，烧火炉是很危险的，一定要有大人在场哦！

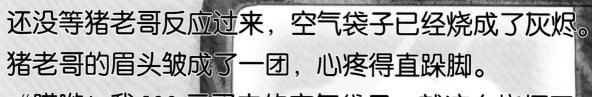

还没等猪老哥反应过来，空气袋子已经烧成了灰烬。
猪老哥的眉头皱成了一团，心疼得直跺脚。
"哎哟！我 100 元买来的空气袋子，就这么烧坏了！"

责任编辑　陈　一
文字编辑　徐　伟
责任校对　朱晓波
责任印制　汪立峰

项目设计　北视国

图书在版编目（ＣＩＰ）数据

了解空气 ：100 元的空气袋子 / 温会会文 ；曾平绘
. -- 杭州 ：浙江摄影出版社 ，2022.8
（科学探秘·培养儿童科学基础素养）
ISBN 978-7-5514-3975-6

Ⅰ . ①了… Ⅱ . ①温… ②曾… Ⅲ . ①空气－儿童读
物 Ⅳ . ① P42-49

中国版本图书馆 CIP 数据核字（2022）第 093441 号

LIAOJIE KONGQI : 100 YUAN DE KONGQI DAIZI

了解空气：100元的空气袋子

（科学探秘·培养儿童科学基础素养）

温会会 / 文　曾平 / 绘

全国百佳图书出版单位
浙江摄影出版社出版发行
　　　地址：杭州市体育场路 347 号
　　　邮编：310006
　　　电话：0571-85151082
　　　网址：www. photo. zjcb. com
制版：北京北视国文化传媒有限公司
印刷：唐山富达印务有限公司
开本：889mm×1194mm　1/16
印张：2
2022 年 8 月第 1 版　　2022 年 8 月第 1 次印刷
ISBN 978-7-5514-3975-6
定价：39.80 元